娜娜媽手工皂
調色╳配色
專書

國際級專業調色認證

娜娜媽——著

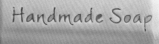

Handmade Soap

推薦序

　　孩子五歲離乳，為了將多餘母奶做成皂，留下珍貴回憶，加上自己當時也在經營幼兒教育與母乳推廣的部落格，同時也成立與女兒共同創作的文創品牌，因緣際會下找到正在推廣母奶皂、剛好舉行公益活動的娜娜媽。那時她剛創業不久，便帶著孩子一起上體驗課支持她，孩子也心滿意足的帶回了數顆可愛撒金的手工皂。那是我第一次做皂體驗！

　　幫娜娜媽寫的第一次推薦序是在二〇一四年，再次寫推薦序已經來到二〇二二，娜娜媽即將出版第九本新書！而我的身分從室內設計總監，變成靈性老師、《光的課程》帶領人、阿卡西紀錄導師，而娜娜媽也成了學院諸多踏實習修的學生中，很認真努力的一位光行者。她總是非常樂於分享，誠實向內觀照自己。對於修行過程中我給予的建議，也總能虛心接受，沒有因為自己已經是非常多學生的知名手工皂老師，或是擁有數萬名粉絲的品牌負責人，就因此自滿，這是非常難能可貴的！她在靈性成長道途上，一次次更臣服的過程中，開始學

習有意識的帶著光，將愛落實在她做皂的每個過程中，為的是將上主的光以愛，透過每個她用心製作的作品傳遞出去。看著她的成長與進展，總是覺得很感動！

皂，無論形式，本質上是為我們帶來淨化同時提升頻率，光亦然！它們純然是相同本質的不同表達！這次她將以自己的專業的服裝設計背景，以及對色彩、配色等美學概念了解，在書中具體呈現。對於做皂新手或是對色彩美感尚不熟悉的學員而言，是非常淺顯易懂又容易上手的分享！我很榮幸能夠陪伴這麼多優秀的學生們，在靈魂「回家」的旅程中同行；更希望能將宇宙法則的教導，協助學生們應用在生活各領域、各面向，讓每個學生都憶起自己即是愛，並且進入豐盛、喜悅、凝定中，活出自己此生靈魂真實渴望的表達！祝福娜娜媽為世界帶來更多美麗的皂，也祝福所有有緣看到此書的朋友們，都能在愛與光中持續提升自己，走向圓滿之道！

「光流靈性學院」創辦人 林君霓

作者序

「九」是一個神奇的數字。

二○○九年我有機會出版第一本書時，滿心期待，心想終於有機會可以藉由書的分享，讓更多人知道母乳皂的好處，讓大家可以善用這最天然的禮物。

很感謝許多人的支持，第一本書上市後的反應很好，當時心想，如果有機會再出第二本書，我想要告訴大家我是如何透過手工皂來善待自己的肌膚，也讓手工皂可以幫助更多的人。我還記得我當時跟老天爺許下心願，拜託請讓我可以出版這本書。

之後，來到第三本《30 款最想學的天然手工皂》，想藉由自身經驗來跟大家分享好洗、好用的皂款。就這樣這幾年看似很順利的接連出了第四、第五、第六、第七、第八本，一轉眼如今來到第九本書，沒想到這第九個書寶寶，卻是我撰寫最久的一本。

這幾年看到大家對調色的需求，於是開始著手這本書的策劃，在這期間，我除了不斷進修外，也投入了大量的心思發想與製作，從基礎調色開始，加入白、黑、灰去改變整體色調，再嘗試不同配色的組合，也發現色彩變化萬千，真的非常有趣。

因為想要以最簡單易懂的方式呈現，所以過程中也不斷的修正內容，主題也隨之變動，許多內容更是打掉重練甚至是完全捨棄，經過三年來來回回不停的修改（編輯說她都快瘋了 XD），終於在今年水到渠成，才得以出版與大家見面。

我的皂友和讀者永遠都在問我何時要再出下一本書，我總是笑著問他們：「我不是已經出了很多書了嗎？」他們都說：「書永遠都不夠呀」，真的非常感謝大家一路以來的支持。希望這一本關於配色、調色的書，讓大家在手工皂這條路上持續更美好的體驗與創作。

娜娜媽

Content

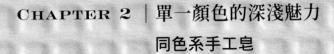

CHAPTER 1

手工皂調色基礎

手工皂的玩色變化，超乎你的想像，

而這本書只是個開始，

一旦你進入，就會發現更多采多姿的世界。

快速了解
基本色彩用語

　　色彩學是一門專業的學問，本書重點並非要鑽研深究這門學問，而是幫大家建立起基本的概念，並了解常見名詞，方便後續解說，也能讓大家更為明白易懂。

　　以下列出色彩學的專有名詞，只是為了幫助大家快速建立起觀念，千萬別被嚇跑了！

三原色

　　紅、黃、藍，即為色彩的三種原色，也是基本色。利用三原色就能調出紫、綠、橘等大部分的顏色。所以大家不用花錢買各種色粉，只要以紅、黃、藍三種色粉，就能調和出各式顏色，非常方便。

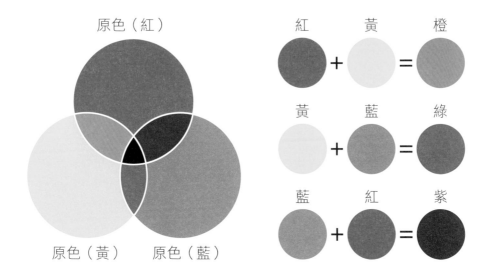

原色（紅）

原色（黃）　原色（藍）

紅 ＋ 黃 ＝ 橙

黃 ＋ 藍 ＝ 綠

藍 ＋ 紅 ＝ 紫

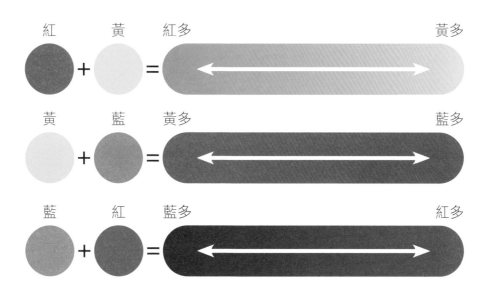

紅 ＋ 黃 ＝ 紅多　　　　　　　　黃多

黃 ＋ 藍 ＝ 黃多　　　　　　　　藍多

藍 ＋ 紅 ＝ 藍多　　　　　　　　紅多

同色系

　　同色系簡單的說，就是一種顏色裡的深淺變化，例如黃色，就有深黃色、淺黃色、鵝黃色等，運用一種顏色的深淺變化，就能創作出許多手工皂款，因為用色單純，適合作為新手的入門皂款。在第二章的「同色系手工皂」單元裡，將會有更多的示範。

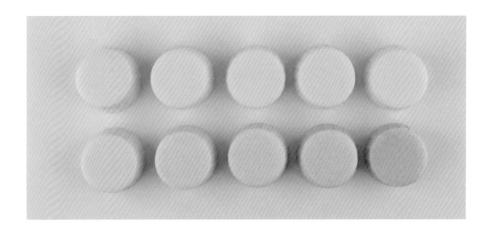

相近色

　　什麼是相近色呢？我會用很簡單的方式讓大家理解，前面有提到利用紅、藍、黃三原色，可以調配出紫、橘、綠，而這六個顏色中，只要相鄰的兩個顏色就是相近色，像是紅與橘、紅與紫、黃與綠、綠與藍等的搭配。以相近色進行色彩搭配，可以創造出協調、看起來舒服的配色。在第三章「相近色手工皂」單元裡，會有更多相近色的皂款示範。

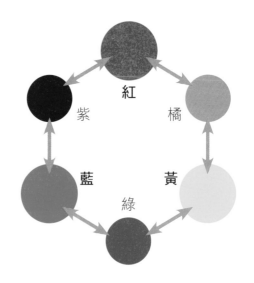

紅　橘　黃　綠　藍　紫

對比色

在六個顏色中，只要不是相鄰的顏色，即為對比色，像是紅與綠、澄與藍、黃與紫等，通常對比色會呈現出衝突吸睛、大膽活潑的氣息，創造出強烈的視覺印象，但也因為色彩鮮明，會感覺有點「跳」，不是這麼好掌握。在第四章「對比色手工皂」單元裡，會有對比色的皂款示範。

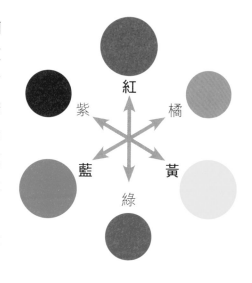

明度

明度，指的就是一個顏色的明暗程度。越白、越亮，明度越高；越黑、越深，明度越低。

在色彩學中，如果要改變一個顏色的明度，可以加入黑、白、灰調整，這樣的手法用在手工皂裡，也能大大改變手工皂「氣質」。第五章「絕美風格手工皂」裡，就有利用加灰、加白的示範皂款。

明度低　　明度高

準備工具

製作色彩皂時，先準備好測量、打皂、防護、切皂、調色五大類工具，讓做皂過程安心順手，又充滿樂趣。

測量工具

電子秤

最小測量單位 1g 即可，用來測量氫氧化鈉、油脂、水分、色液等。

溫度槍或溫度計

用來測量油脂和鹼液的溫度，若是使用溫度計，要注意不能將溫度計當作攪拌棒使用，以免斷裂。

● 打皂工具

不鏽鋼鍋

　　一定要選擇不鏽鋼材質，切忌使用鋁鍋。需要兩個，分別用來溶鹼和融油，若是新買的不鏽鋼鍋，建議先以醋洗過，或是以麵粉加水揉成麵糰，利用麵糰帶走鍋裡的黑油，避免打皂時融出黑色屑屑。

量杯

　　用來放置氫氧化鈉，全程必須保持乾燥，不能有水分。選擇耐鹼塑膠或不鏽鋼材質皆可。

不鏽鋼電動攪拌器

　　用來打皂、混合油脂與鹼液，一定要選擇不鏽鋼材質，才不會融出黑色屑屑。

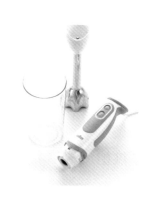

玻璃攪拌棒

　　用來攪拌鹼液，需有一定長度，大約30cm 長、直徑 1cm者使用起來較為安全，操作時較不會不小心觸碰到鹼液。

模具

　　各種形狀的矽膠模或塑膠模，可以讓手工皂更有造型。若是沒有模具，可以用洗淨的牛奶盒來替代，需風乾之後再使用，並特別注意不能選用裡側為鋁箔材質的紙盒。

矽膠刮刀

　　使用一般烘焙用的刮刀即可。可以將鍋裡的皂液刮乾淨，減少浪費。

篩網

　　若不確定氫氧化鈉是否完全溶解，可以使用篩網過濾。

● 防護工具

手套、圍裙、口罩

　　鹼液屬於強鹼，在打皂的過程中，需要特別小心操作，戴上手套、穿上圍裙，避免鹼液不小心濺出時，對皮膚或衣服造成損害。

　　氫氧化鈉遇到水時，會產生白色煙霧以及刺鼻的味道，建議戴上口罩防止吸入。或是用純水冰塊取代純水溶鹼，操作上更安全及方便。

● 切皂工具

菜刀或線刀

　　一般的菜刀即可，厚度越薄越好切皂。最好與做菜用的菜刀分開使用。線刀是很好的切皂工具，不僅價格便宜，又可以將皂切得又直漂亮。

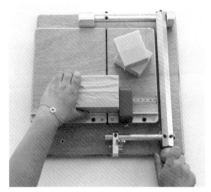

● 調色工具

紙杯或塑膠杯

　　進行調色時，可利用紙杯作為計量單位，且紙杯可捏出尖嘴形狀，方便傾倒。

尖嘴滴瓶

　　可先調好紅、藍、黃三原色的色液，裝入滴瓶中，方便使用與保存。

⠿基本材料

　　油、水、氫氧化鈉是做皂的三大基本材料，想要增加顏色造型與香氣，可再添加色粉與精油。

油脂

　　如要進行調色的皂款，選用的油脂顏色就不能太深，像是綠色的未精製酪梨油、橘色的紅棕櫚油，都會影響成皂顏色，避免使用。初榨橄欖油的顏色較黃，也會影響調色，建議選擇第二道橄欖油。

水分&乳脂

　　不管是以水分入皂的手工皂，或是以母乳、牛乳、羊乳等乳脂入皂的乳皂，製作方式是大同小異的。

水分的選擇上，除了利用純水（一定是要煮開的水，切勿使用生水），其他像是利用絲瓜水、花水等材料製成冰塊入皂，都相當好！不過水分越多，成皂會越軟，需拿捏好比例。

　　而乳皂的好處在於乳中的脂肪成分，具有很好的滋潤效果，洗起來會更溫潤舒服。不過以乳脂入皂時，成皂的顏色會偏黃，所以色彩皂的乳脂量建議不要超過 1/3。

氫氧化鈉

　　氫氧化鈉溶於純淨水後，會與油脂產生作用後而開始皂化，是做皂的必備材料。雖然是強鹼物質，但只要確實遵守注意事項，便能安心使用。保存時務必蓋好蓋子，並保持乾燥。

　　使用時務必注意，氫氧化鈉碰到水會釋放熱能，因此應使用耐熱玻璃或不鏽鋼材質的容器或工具，並在通風良好的地方、穿戴好防護工具後再進行。小心避免接觸到皮膚，如果不慎碰觸，請盡快沖水。

色粉

　　直接在打好的皂液中加入色粉調色，做出的成皂飽和度較好，不過缺點是不易攪拌均勻，易有顆粒，所以我會建議大家先將色粉調和成色液，再進行調色會較容易。

　　如果使用色粉時，需使用微量電子秤，如果使用以一克為單位的電子秤，很容易測量不到重量，而產生誤差。

色液

只要調和出紅、藍、黃、黑、白、金這六種色液，就可以玩出豐富又多變的彩色皂款。

後續會教大家如何將色粉調和成色液。色粉有分天然色和化妝品級色粉兩種，天然色粉較易褪色，如果想要讓顏色持久穩定，可選擇化妝品級色粉。不過需要注意的是，不同廠牌的色粉，調和出

▲基本款色液：紅、藍、黃。只要利用這三原色，就能創造出各式顏色。

▲變化款色液：黑、白、金。黑色與白色可以調整明度，金色則是很棒的點綴裝飾色。

來的顏色也會有所不同，或是每個貿易商進口的粉材不同，顏色也會有所差異，建議大家可以比較並測試看看，找出自己喜歡的顏色。

精油

選擇精油時要特別注意，請挑選信任的品牌或商家，避免買到參雜其他成分的非純精油，如按摩油或薰香用精油。市售薰香因含有溶劑，並不適合入皂。

製作色彩皂的精油，可選擇像是醒目薰衣草或是真正薰衣草等顏色較淺的精油，避免影響成皂顏色。為避免操作不及，也避免使用會加速皂化的精油。

色液的調和方法

先將色粉加入橄欖油，調和成色液，後續操作起來就會容易且方便許多。除了橄欖油外，也可以選擇穩定、不易酸敗的軟油作為調色的油品。

 材料

藍色色粉⋯⋯1g │ 第二道橄欖油⋯⋯2g

＊色粉與油的比例約為 1：2。

作法

1　利用微量秤，秤出色粉重量。

2　在色粉中加入第二道橄欖油。

3　將色粉與油徹底攪拌均勻。如果是使用植物粉或是二氧化鈦粉時，一定要用電動攪拌器攪打過，才能均勻混合。

　　Tips 白色是用二氧化鈦粉，與油的比例大約 1.5 ～ 3g，可以視自己喜歡的濃稠度調整。如果太稠，會不易倒出；太稀的話，顏色會太淡，要自己試過才知道。

4 填裝入尖嘴滴瓶
中。使用前再稍微
搖晃均勻即可。

4-1

4-2

5 用相同的方式，調和出紅、黃、藍、黑、
白、金六種色液，這六種色液即為做皂的基
本常備色液。

手工皂小教室

利用紅、藍、黃三原色，可以調和出紫、綠、橘色。

藍色色液 ■＋紅色色液 ■＝紫色 ■

黃色色液 ■＋藍色色液 ■＝綠色 ■

紅色色液 ■＋黃色色液 ■＝橘色 ■

使用色液的四個重點

利用色液調色雖然方便，不過使用時要注意以下要點，才不會影響操作及入皂顏色。

1、一定要搖晃均勻

如果沒有搖晃均勻，滴出來的就會是油的比例居多，色粉少的情況下顏色就會比預期的淡，所以使用前搖晃均勻非常重要。

2、使用軟油調和

調和色液的油品，請務必使用軟油，如果使用像是椰子油等硬油，當氣溫變低時就會凝固變硬，增加使用的難度。

3、快用完前可再加入等比例的油

即使每一次使用前都有搖晃均勻，但因為色粉會沉澱，所以快用完之前，所剩的色粉多、油量少時，可以再加入與色粉等比例的油，並用筷子攪拌均勻即可。使用前也記得再搖一搖。

4. 減少顆粒感

如果是使用植物粉或是二氧化鈦調和色液時，一定要先用電動攪拌器攪打過並過篩，可以減少明顯的顆粒狀。

彩色皂的基本作法

作法

A . 準備

1 請在工作檯鋪上報紙或是塑膠墊，避免傷害桌面，同時方便清理。戴上手套、護目鏡、口罩、圍裙。

Tips 請先清理出足夠的工作空間，以通風處為佳，或是在抽油煙機下操作。

B . 融油

2 將所有油脂測量好並融合。秋冬氣溫較低時，椰子油會變成固體狀，需先隔水加熱後再進行混合。

C . 溶鹼

3 將氫氧化鈉分 3 ～ 4 次倒入純水冰塊或乳脂冰塊中，並用攪拌棒不停攪拌混合，速度不可以太慢，避免氫氧化鈉黏在鍋底，直到氫氧化鈉完全融於水中，看不到顆粒為止。

Tips 1 攪拌時請使用玻璃攪拌棒或是不鏽鋼長湯匙，切勿使用溫度計攪拌，以免斷裂造成危險。

Tips 2 若此時產生高溫及白色煙霧，請小心避免吸入。

4 若不確定氫氧化鈉是否完全溶解，可以使用篩子過濾。

D‧混合

5　當鹼液溫度與油脂溫度維持在 20 ～ 40℃之間，便可將油脂緩緩倒入鹼液中。

E‧打皂

6　用電動攪拌器進行攪拌。將攪拌器的刀頭斜斜放入，可避免產生過多氣泡。約攪打 1 ～ 3 分鐘，使皂液混合均勻，呈現微微的濃稠狀。

Tips 使用電動攪拌器容易混入空氣而產生氣泡，入模後需輕敲模具來清除氣泡。

7　在皂液表面畫 8，可以看到淺淺的字樣，即為微微 trace 的狀態，即可進行調色。

F‧添加物

8　加入精油，再攪拌約 300 下，直到均勻即可。製作色皂時，請使用不會加速皂化、顏色不會過深的精油。

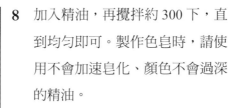
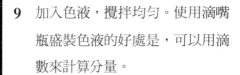

9　加入色液，攪拌均勻。使用滴嘴瓶盛裝色液的好處是，可以用滴數來計算分量。

娜娜媽手工皂調色×配色專書

10 將皂液入模，入模後可放置於保麗龍箱保溫 1 天，冬天可以放置 3 天後再取出，避免溫差太大產生皂粉。

11 放置約 3 ～ 7 天後即可脫模，若是皂體還黏在模型上可以多放幾天再脫模。

12 脫模後建議再置於陰涼處風乾 3 天，等表面都呈現光滑、不黏手的狀態再切皂，才不會黏刀。

13 將手工皂置於陰涼通風處約 4 ～ 6 週，待手工皂的鹼度下降，皂化完全後才可使用。

> Tips 1 請勿放於室外晾皂，因室外濕度高，易造成酸敗，也不可以曝曬於太陽下，否則容易變質。

> Tips 2 製作好的皂建議用保鮮膜單顆包裝，防止手工皂反覆受潮而變質。

手工皂小教室

❶ 因為鹼液屬於強鹼，從開始操作到清洗工具，請全程穿戴圍裙及手套，避免受傷。若不小心噴到鹼液、皂液，請立即用大量清水沖洗。

❷ 使用過後的打皂工具建議隔天再清洗，置放一天後，工具裡的皂液會變成肥皂般較好沖洗。同時可觀察一下，如果鍋中的皂遇水後是渾濁的（像一般洗劑一樣），就表示成功了；但如果有油脂浮在水面，可能是攪拌過程中不夠均勻喔！

❸ 打皂用的器具與食用的器具，請分開使用。

❹ 手工皂因為沒有添加防腐劑，建議一年內使用完畢。

⋮給玩色新手的叮嚀

　　手工皂顏色搭配，以及呈現的明度、彩度，會決定其風格與質感，如果你是手工皂商家或是想要藉由手工皂傳達送禮之情，平常多看、多練習都是很重要的，「靈感」與「手感」缺一不可。

　　每個人都會有自己喜愛的慣用色，有時不知不覺陷入某種框架之中，可以藉由多欣賞別人的創作，得到不同的啟發與創作靈感來源。

1、熟悉色粉特性

　　不同廠牌的色粉，其顯色度、深淺度等條件也會不同。當我今天收到一款完全沒用過的色粉廠牌時，都經過了「了解特性」、「反覆

試作」的過程，所以除非你和娜娜媽使用相同的色粉廠牌，可依據我的調色經驗、省去摸索過程，否則會建議大家購買色粉後，一定要先製作少量皂液進行調色試做，掌握色粉的特性（請參考 p.36 的由淺到深的調色練習）。

2、利用軟油比例高的配方練習

剛開始玩色皂時，我會建議使用像是馬賽皂（72% 橄欖油、14% 椰子油、14% 棕櫚油）的配方打成皂液，再進行調色練習。因為馬賽皂的皂化速化不會太快，新手也能有足夠的時間操作。

避免使用酪梨油、紅棕櫚油等顏色較深的油品，還有顏色較深的精油，以免影響成皂顏色。也需捨棄一般做皂常用的初榨橄欖油，改用第二道橄欖油，可以降低影響顏色的變動因子。

3、避免太快 Trace 的配方

選用的配方不能太快 trace，避免操作不及，像是含有米糠油、蓖麻油的配方盡量避免。

4、先從基礎皂款開始

　　做任何事都一樣，要先學會走，才能奔跑，如果第一次做就想挑戰高難度皂款，絕對會得到滿滿的挫敗感！剛開始請選擇只需使用1～2種顏色的皂款，技法由易而難大致為：分層、漸層、渲染，請循序漸進的製作，降低失敗率。

5、多練習才能掌握手感

　　多欣賞皂友的作品，可以提升對皂的想像與美感。想要做出好看的色彩皂，需要不斷的練習、練習、再練習，唯有自己動手做，你才會知道如何修正與調整。即使像娜娜媽已經是做皂老手了，但仍然會在每一次的製作過程中，積累出許多不同的靈感與經驗。

掌握三大重點，
做出好看色彩皂

　　以下將分別就做皂前、中、後三大面向來提醒，建議大家先詳讀並在腦海中瀏覽幾遍，真正操作時才不會手忙腳亂。

● 做皂前

1. 構思配色

　　顏色的搭配有無限可能，一般初學者通常不知道該如何下手，也沒有把握搭配出來的顏色是否好看，所以這本書就教大家利用同色系、相近色、對比色的簡單概念，搭配出皂款。等慢慢上手後，就可以從其他皂友的作品，或是生活周遭的事物取得配色靈感。

　　千萬不要以為可以透過邊做、邊想、邊試的過程做出好看的皂款，通常只會讓自己手忙腳亂而已，構思後配色再開始，才是成功的第一步！

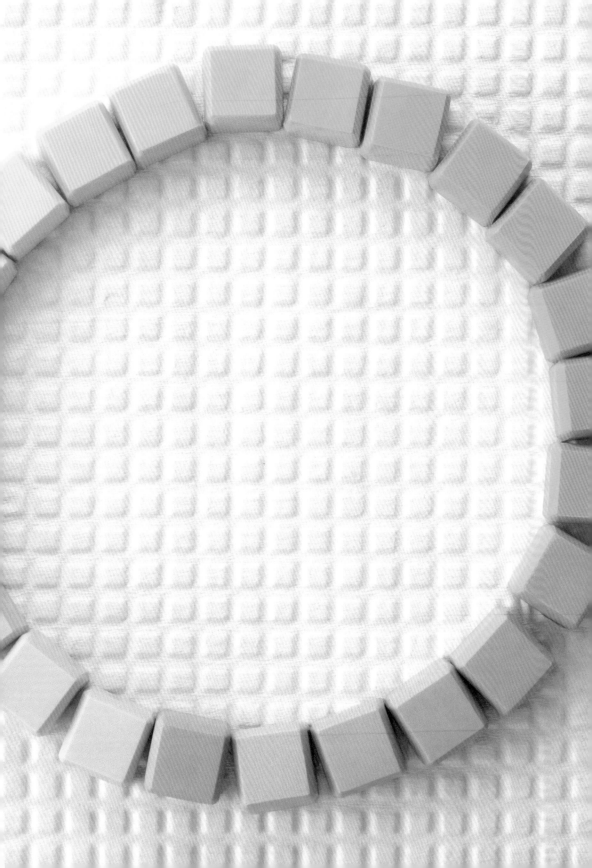

2. 選擇合適的配方

如果想要做出好看的色彩皂,就要先挑選合適的配方,將會影響顏色的因子排除:

□ 配方中的油品,顏色是否會過深,影響成皂顏色?

□ 油品是否會加速皂化?

□ 使用的精油,是否會加速皂化,增加調色難度?

3、調和色液

建議將色粉調和成色液使用,比較不會造成結塊。調和白色色液通常會使用二氧化鈦,黑色色液則是使用備長炭粉。

● 做皂中

1. 避免皂液過於濃稠

如果使用會加速皂化的材料,或是打皂速度太慢導致皂液太濃稠時,就會讓顏色無法調和均勻,成皂顏色也容易深淺不一。

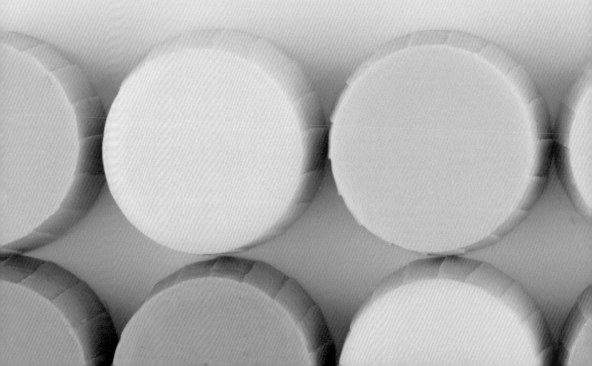

2. 善用白色或灰色

將色液加入皂液後，如果整體顏色不甚喜歡，可以加入白色或灰色色液，有助於改變整體調性。

◗ 做皂後

1. 置於陰涼處晾皂

打皂中的皂液看起來會比較深，但脫模後通常會變淺。晾皂時也需避免光照，避免褪色。

2. 切皂方向很重要

不同的切皂方向，呈現的造型會不同，如果有想要的紋路，就必需先想好再下刀。

色粉篇

我一開始在製作色彩皂時,是直接將色粉加入皂液裡,攪拌均勻再入模。優點是色彩的顯色效果很好,缺點則是需要買許多不同的色粉,而且攪拌時很容易結塊,造成色彩不均。

如果購買新的廠牌色粉時,建議先進行測試,掌握其色彩效果後,再進行大量製作。下面將分享我以 20 多款色粉所製作而成的色皂,大家有興趣的話也可以玩玩看,光是單一顏色的變化,就讓人深陷皂海的魅力之中。

單一色粉

可以準備很多小紙杯作為模型,方便操作。逐漸增加色粉的分量,例如每次增加 0.1g,並記錄下來,就能觀察出顏色的變化,作為調色、配色時的參考。

化妝品級色粉

色粉又有化妝品級色粉、礦物粉、植物粉三種。化妝品級色粉入皂後的顏色持久度最佳,植物粉則是最容易褪色。

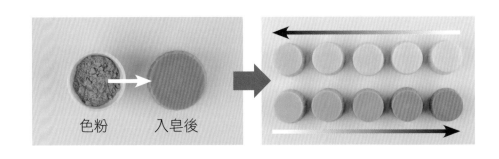

色粉　　　入皂後

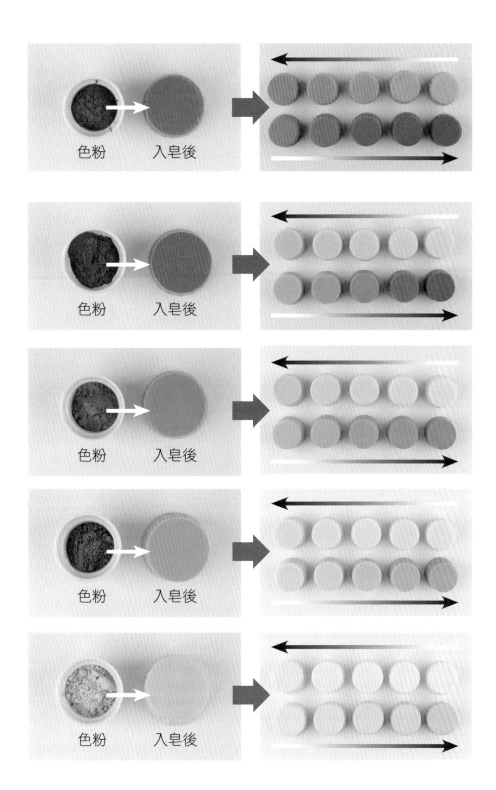

色粉　　　入皂後

色粉　　　入皂後

色粉　　　入皂後

色粉　　　入皂後

色粉　　　入皂後

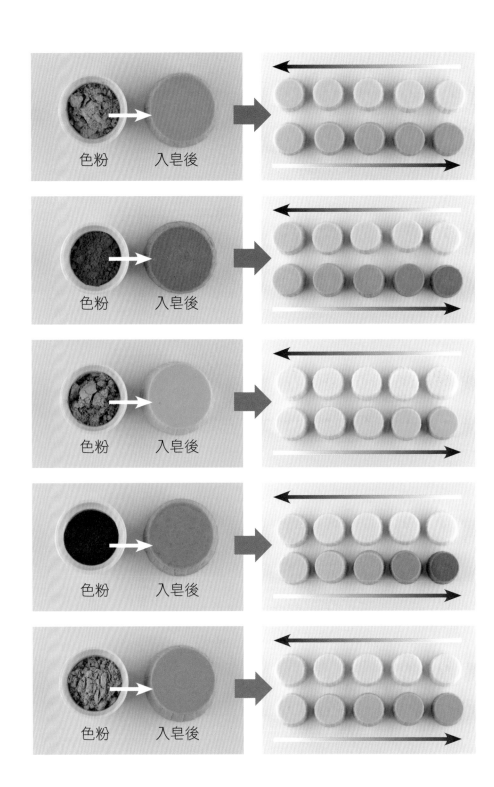

色粉　　入皂後

色粉　　入皂後

色粉　　入皂後

色粉　　入皂後

色粉　　入皂後

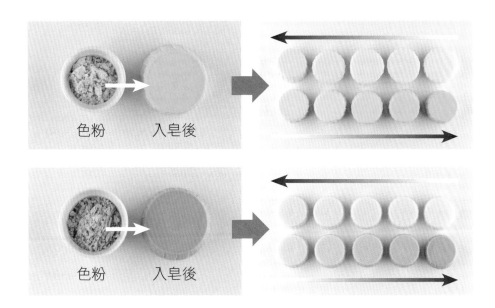

色粉　　　入皂後

色粉　　　入皂後

植物粉

　　使用植物粉調和出來的皂款顏色會偏暗，而且容易褪色。褪色的程度類似下面低溫艾草粉的漸層效果一樣，褪色的色階很明顯。

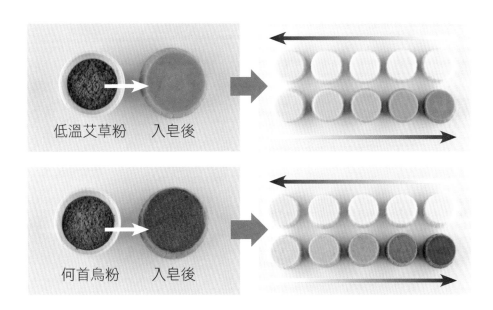

低溫艾草粉　　入皂後

何首烏粉　　入皂後

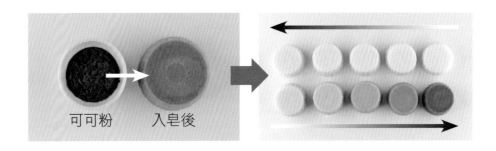

礦物粉

　　天然石泥粉會帶有小顆粒狀，看起來有點像是咖啡渣，這是正常的，如果想要減少顆粒感，可以用電動攪拌器攪打後並過篩，讓顆粒感不那麼明顯。

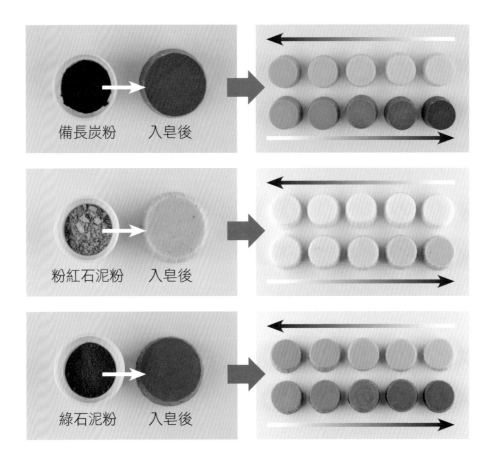

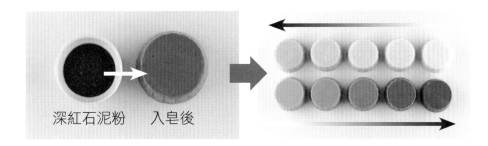

深紅石泥粉　　入皂後

兩種色粉

　　利用前面所教的配色概念，將兩種顏色相互搭配，像是以藍色＋黃色就能調和出綠色，並且隨著一色多、一色少的比例變化，製作出深淺不一的各種顏色。

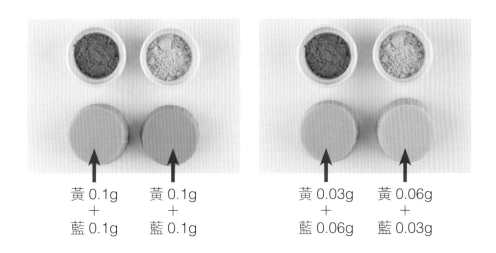

黃 0.1g
＋
藍 0.1g

黃 0.1g
＋
藍 0.1g

黃 0.03g
＋
藍 0.06g

黃 0.06g
＋
藍 0.03g

黃 0.03g　　黃 0.06g
　＋　　　　＋
紅 0.06g　　紅 0.03g

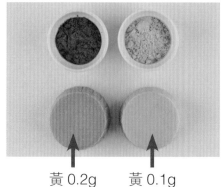

黃 0.2g　　黃 0.1g
　＋　　　＋
紅 0.2g　　紅 0.1g

紅 0.1 g ＋黃 0.1g

黃 0.1 g ＋桔 0.1g

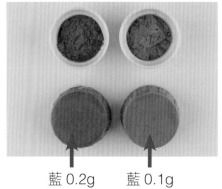

藍 0.2g　　藍 0.1g
　＋　　　＋
紅 0.2g　　紅 0.1g

藍 0.03g　　藍 0.06g
　＋　　　　＋
紅 0.06g　　紅 0.03g

右排手工皂添加的是單一色粉，左排則是多加入了白色色粉調和，整體色調更為柔和一點。

▲多加入白色。　▲單色色粉。

色液篇

　　下面試做的皂款，是將色粉先製作成色液後，再加入皂液中製作而成的。利用色液的優點是操作順手，利用滴數來計算分量，即可掌控皂的深淺度。不過要留意滴數的大小，避免造成太大誤差。

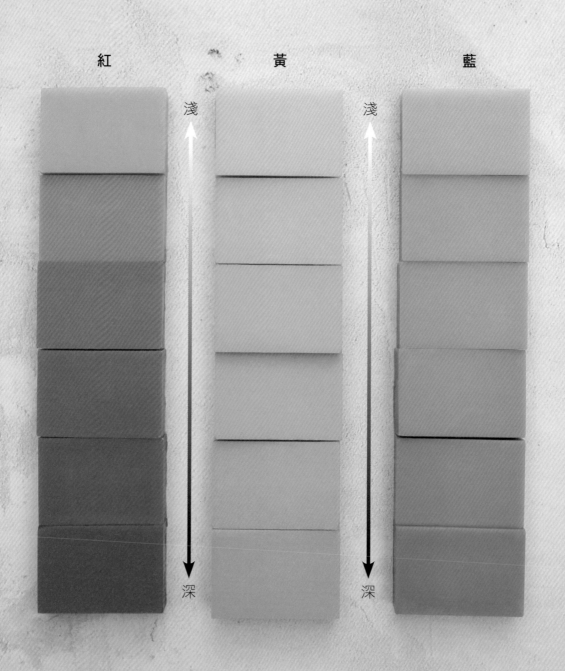

以紅、黃、藍三種色液入皂，隨著加入分量越多，皂的顏色越深。

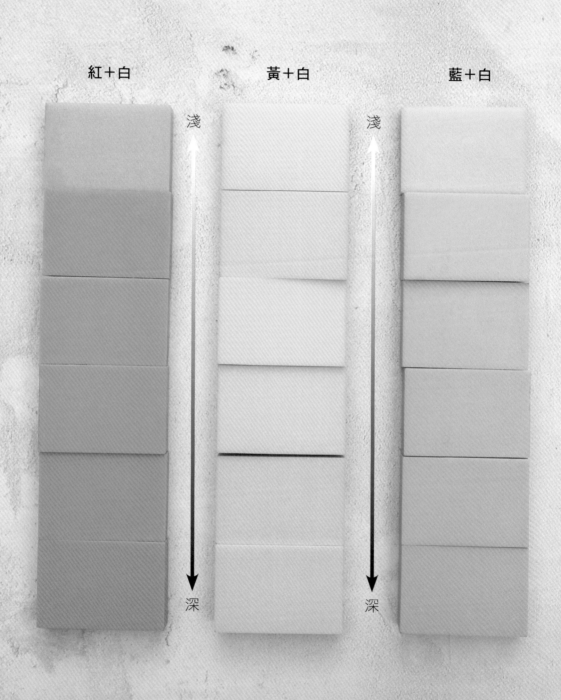

紅＋白　　　黃＋白　　　藍＋白

淺　　　淺

深　　　深

分別在紅、黃、藍三色中加入白色色液，可呈現柔和的色調。

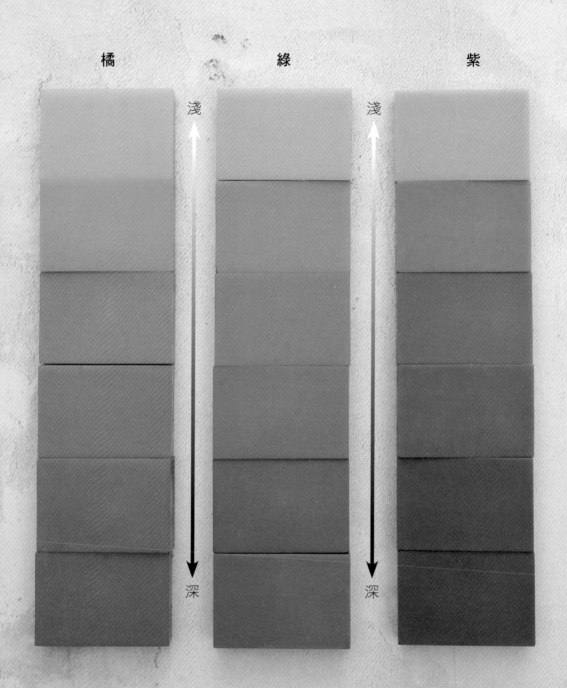

以紅、黃、藍三種色液調和出橘、綠、紫。

橘＋白　　　綠＋白　　　紫＋白

淺　　　　　淺

深　　　　　深

分別在橘、綠、紫三色中加入白色色液，呈現柔和的色調。

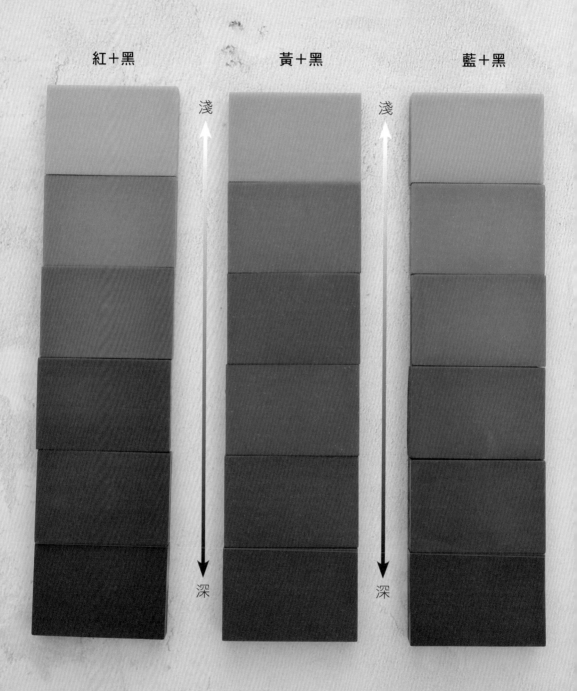

紅＋黑　　　黃＋黑　　　藍＋黑

淺　　　淺

深　　　深

分別在紅、黃、藍三色中加入黑色色液，呈現出暗清色調的沉穩感。

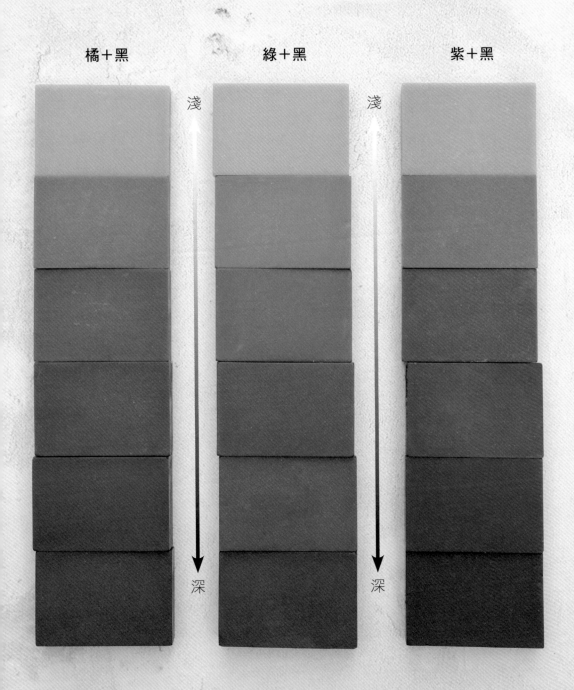

橘＋黑　　　　　　綠＋黑　　　　　　紫＋黑

淺　　　　　　　　淺

深　　　　　　　　深

分別在橘、綠、紫三色中加入黑色色液，呈現出莫蘭迪的沉穩風格。

紅色的三種變化

紅色　　　　　　　　紅色＋白色　　　　　　　紅色＋黑色

黃色的三種變化

黃色　　　　　　　　黃色＋白色　　　　　　　黃色＋黑色

● 藍色的三種變化

藍色

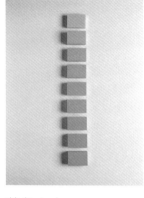

藍色＋白

藍色＋黑色

● 橘色的三種變化

橘色

橘色＋白色

橘色＋黑色

● 綠色的三種變化

綠色

綠色＋白色

綠色＋黑色

● 紫色的三種變化

紫色

紫色＋白色

紫色＋黑色

本書使用配方

　　這本書不同於我之前的書籍會提供許多皂款配方，本書的重點在於調色與配色，所以會以相同的配方來製作。大家可以將本書的色彩搭配方式，應用在自己喜歡的皂款上，不過在配方的選擇上，請參考 p.34 的說明。

材料

第二道橄欖油 ……500g ｜ 椰子油…… 100g ｜ 棕櫚油…… 100g
氫氧化鈉 ……100g ｜ 純水冰塊…… 200g

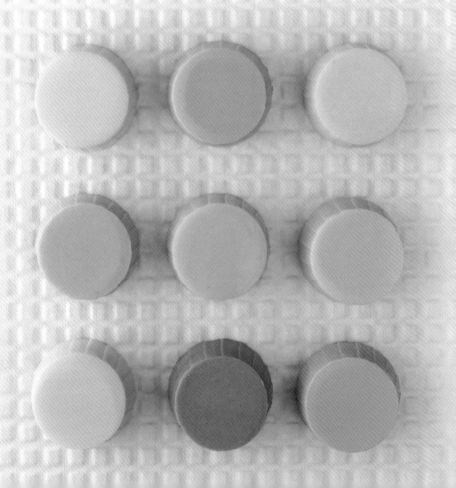

特別說明

1   使用的色粉廠牌不同，成皂顏色也會略有不同，本書使用的
    顏色與用量僅供參考。

2   建議大家可以練習自行製作色卡，配色的概念就會更穩固，
    而且透過實際調色是一個很有趣的過程，成品也能帶來滿滿
    的成就感。

CHAPTER 2

單一顏色的深淺魅力
同色系手工皂

想要玩顏色，不用五顏六色，

只要運用單一顏色，

就能做出具有質感的手工皂造型。

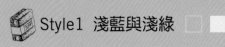 **Style1　淺藍與淺綠** ☐ ☐

藍與綠分層皂

藍色色液也可以調出綠色？沒錯，這一款皂就是以淺藍色色液調出淺綠色，只用一種色液就能創造出兩種顏色的效果。

![作法圖示] **作法**

1 將 1000g 的皂液打至微微 Trace，加入 7g 白色色液，攪拌均勻。

2 將白色皂液平均分成兩等份，一份加入 1g 淺藍色色液，一份加入 5 ～ 7g 淺藍色色液，攪拌均勻。

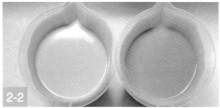

3 在長形模裡放入分隔板。

4 分別將淺藍色皂液和淺綠色皂液倒入。

5 將分隔板小心地抽出，盡可能不晃動皂液，才能保持中線的平衡。

▶ **變化款**

如果習慣等比例
的分層方式，可
以試試看中間
多、兩邊少的比
例分配，創造出
不同的變化。

▶ **變化款**

利用深淺不一的
綠色和渲染技
法，製造出清新
的流動感。

變化款　　單一顏色就充滿活力的黃色皂。

技法｜皂中皂　　　模型｜大小管模各 1 個　　　顏色｜淺藍色色液、深藍色色液、白色色液

藍色雙圈皂

利用兩個大小管模做出的雙圈皂，很適合新手入門。只要以一種顏色的深淺做變化，就能無限延伸多種皂款。

作法

1　將 1000g 的皂液，打至微微 Trace，加入 7g 白色色液，攪拌均勻。

2　將白色皂液分成 2 杯：300 克加入淺藍色色液，700 克加入深藍色色液。

3　將小管模放入大管模中，先將深藍色倒入大管模中，約 1/3 的高度，再將淺藍色皂液倒滿小管模，再將深藍色皂液倒滿至大管模中。

4　用夾子將小管模取出即可。

Tips 要在管內放入膠膜再將皂液倒入，脫模時才不會黏模。

步驟示範為粉紅色皂液。

變化款 藍白流動的線條，加上一點金色點綴，展現獨特質感。

運用兩種深淺不同的同色系，製造出較高的對比性，既融合又強烈。

變化款

有點濃烈的深藍，加上一抹淺藍，渲染線條好像波浪般，輕盈流動。

技法｜運用窗花墊片　　模型｜圓柱模　　顏色｜綠色色液、白色色液

清新淡綠窗花皂

綠色系手工皂較難表現，因為通常調出來都不是自己想像中的綠色。
想要清爽乾淨的綠色，就加一點白色吧；想讓皂是沉穩一點的綠，就
加一點灰吧！

作法

1　先在中空圓柱模底部包覆一層保鮮膜，蓋上底部後再包覆第二層，避
免皂液流出。

2　在圓柱模裡面放入塑膠墊片，並將超出模型的墊片剪除。

　　Tips 放入墊片有助於後續脫模，較不易黏模。

3　將兩片花片重疊，並插入桿子固定。

4　再將花片放入圓柱模中，推到最底部，再用夾子將兩根桿子夾起固定
備用。

5 　將 1000g 的皂液打至微微 Trace，加入 7g 白色色液，攪拌均勻。

6 　將皂液平均分成三等份，如果想做出像 p.68 的顏色，可分別調出深綠色、淺綠色、原色三種。

7 　先將最深的顏色倒入，大約占 2/3 的面積，接著再倒入第二種、第三種顏色，反覆此動作，直到所有皂液倒完。

8 　將桿子沿著模型邊緣，慢慢將花片往上拉出即完成。

　　Tips 拉的過程盡可能保持平衡，才能做出好看的窗花造型。

運用漸層方式，
做出清新的綠色
皂款。

變化款

將底色調成淺綠
色，再運用不同
深淺的皂基刨絲
後加入皂液中，
做出皂中皂的變
化款。

 Style4 紫色系

技法 | 渲染　　模型 | 長形模　　顏色 | 紫色色液、白色色液

浪漫紫渲染皂

我認識的皂友們有 80% 都很喜歡紫色，每次紫色手工皂出現，總是會引起一陣驚呼，是紫色控們一定要學的款式。

作法

1　將 1000g 的皂液打至微微 Trace，加入 7g 白色色液，攪拌均勻。

2　將皂液分成 3 杯，淺紫、深紫各 250g，白色 500g。

2-1

2-2

3　先在模型邊緣抹上一點皂液，有助於倒皂時來回滑動。先倒入深紫色皂液，沿著模型邊緣來回 5 次。

3-1
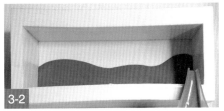
3-2

4 接著，倒入白色皂液，沿著模型邊緣來回 5 次。以同樣方式倒入淺紫色皂液，依序加入三種顏色皂液，直到皂液全部倒入模型中。

> Tips 倒入皂液時，將容器的尖嘴處靠在模具上，盡可能將皂液倒在同一個位置。

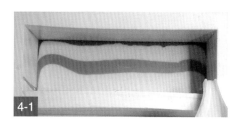
4-1

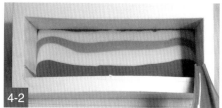
4-2

5 將竹籤插入模子底部，先以約 1 公分的間隔畫出弓字型。再從中間的位置用竹籤畫 S 型即完成。

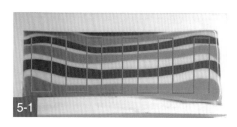
5-1

5-2

6 以不同方向切皂時，可以呈現不一樣的視覺效果。

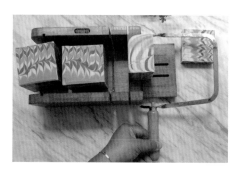

7 修飾皂邊，讓造型更好看。

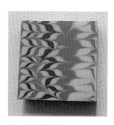
▲ 無修邊。

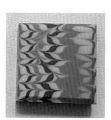
▲ 有修邊。

變化款

這款皂運用深淺
的紫色，並加入
灰色調和，做出
浪漫中帶點高級
灰階感。

變化款

淺紫和深紫的配色也很迷人。

變化款

大膽調出濃烈的深紫色,再以金色勾勒線條,好看又搶眼!

變化款　以柔和的紫色，帶出溫柔氣質。如果在底色加入白色調和，整體感覺將更明亮。

技法 | 漸層　　模型 | 長形模　　顏色 | 橘色色液、白色色液

陽光橘漸層皂

橘色是皂友們比較少嘗試的顏色，因為皂液本身的顏色偏黃，所以調和橘色時，顏色很容易跑掉，可以運用白色先將整個皂液提亮，就可以讓橘色的層次更明顯。

作法

1　將 1000g 的皂液打至微微 Trace，加入 7g 白色色液，攪拌均勻。

2　我們預計做 6 層分層，將 1000 ÷ 6，每層大約 166g。先倒出一杯 166g 的白色皂液，噴少許酒精並攪拌均勻。

Tips 噴少許酒精將有助於定型，讓分層更明顯。

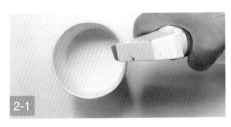 

3　沿著模型邊緣，輕輕倒入白色皂液。

4 在白色皂液裡加入 6 滴橘色色液，攪拌均勻。

　Tips 每一次加入固定滴數的橘色色液，隨著皂液
　　　越來越少，顏色就會越來越深，輕鬆做出漸
　　　層皂。

5 將淺橘色色皂液倒入紙杯中，約 166g。噴酒精再輕
　　輕攪拌均勻。

　Tips 攪拌時動作需輕柔，避免產生氣泡。

6 沿著模型邊緣，輕輕倒入淺橘色
　　皂液。

7 重複步驟4～
　　6，將皂液倒
　　入模型中。

變化款

深淺交錯的渲染
皂，看起來陽光
有活力。

CHAPTER 3

和諧迷人的多變風格

相近色手工皂

利用色彩學中的「相近色」搭配，
是最不易出錯的玩色技巧。

掌握相近的彩度和明度，
做出賞心悅目的色彩皂。

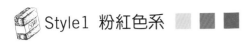 Style1 粉紅色系 ▨ ▨ ■

技法｜皂中皂（皂邊應用）　模型｜長形模　顏色｜紅色色液、白色色液

夢幻粉紅皂中皂

想要做出淡雅的粉紅色皂，只需要在粉紅色皂液裡加入一點點的白色色液，就可以讓彩度降低，製造出嫩粉感。白色加得越多，會呈現出越粉嫩柔和的顏色。

作法

1　將手工皂刨成薄片，並捲成圓柱狀備用。

　　Tips 可利用手邊現有的手工皂作為皂中皂元素。
　　　　 將主要皂液顏色搭配同色系的皂中皂，協調
　　　　 且富變化。

2　將 1000g 的皂液打至微微的 Trace，加入 7g 白色色液，攪拌均勻。

3　加入 3 滴紅色色液，調和出粉紅色皂液。

4　將粉紅色皂液倒入長形模中，
　　再將步驟 1 的皂條直立放入。

　　Tips 皂中皂可視個人喜好，隨
　　　　 意放入，但不要排得太密
　　　　 集。

 4-1

 4-2

這一款皂中皂隨著切皂的方向不同，會呈現出不同的作品效果。下一次切皂時，試試直切、橫切，享受玩皂的樂趣。

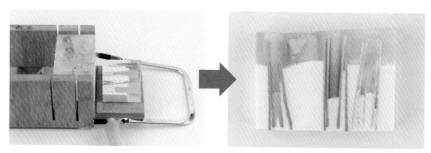

▲ 與皂條平行進行切皂時，會呈現出獨特的剖面。

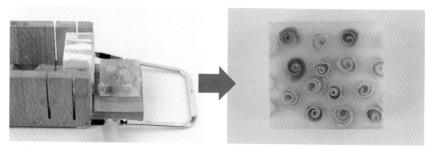

▲ 與皂條垂直的切皂方式，會呈現捲捲狀的花紋。

變化款 鑲上金邊的粉紅色系孔雀渲染皂，光采奪目。

變化款 大膽使用濃烈一點的桃紅色，讓人印象深刻。

變化款

運用分層與渲染
技巧，製造變
化。

變化款

深淺交錯的粉紅
色、紫色渲染
皂。

089

Style2 粉紅與淡橘

| 技法 | 渲染 | 模型 | 四格方形模 | 顏色 | 紅色色液、黃色色液、白色色液 |

紅與橘渲染皂

以紅色單獨入皂時，比較難表現出質感，除非是利用正紅色營造出強烈的喜氣節慶感。不過只要將紅色搭配上橘色或黃色，就會有意想不到的質感變化。

作法

1　準備四塊的素色手工皂備用。

2　準備三種顏色的皂液，分別為白色、黃色、紅色，大約半杯紙杯的分量。

3　將白色、黃色皂液隨意倒入紅色皂液中，再用竹籤稍微勾勒出 W 形的線條。

4　將素色手工放在不鏽鋼架上，再將調和好的皂液淋在手工皂表面即完成。

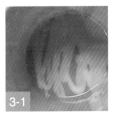
3-1

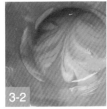
3-2

變化款

以深紅色與橘色做線條變化，加上少許的白色，帶來更豐富的層次。

變化款

以相近色的橘色搭配紅色，帶來柔和的美感。

變化款 運用石紋的技法，做出獨一無二的花樣。

| 技法 | 孔雀渲 | 模型 | 方形模 | 顏色 | 藍色色液、紫色色液、綠色色液、白色色液 |

藍與紫孔雀渲染皂

藍色與紫色是一個安全的好配色，因為顏色相近，所以具有很好協調性，失敗率低，很推薦玩色新手嘗試。

作法

1 將 1000g 的皂液打至微微 Trace，加入 7g 白色色液，攪拌均勻。

2 將白色皂液平均分成五等份，保留二份白色皂液，其他分別加入藍色、紫色、綠色色液，攪拌均勻。

3 先倒入綠色皂液，沿著模型邊緣來回 5 次。以相同方式，依序再倒入白色、紫色、綠色皂液，白色是間隔色的概念，直到全部皂液倒完。

   Tips 可以先在模型邊緣抹上一點皂液，有助於倒皂時來回滑動。

4 將不鏽鋼棒等工具插入底部，先以約 1 公分的間隔畫出弓字型。

5 接著在皂液上用不鏽鋼棒往同一個方向畫直線，間隔約一公分。也可以以弓字型畫線，就會變成葉子的渲染。

 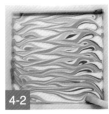 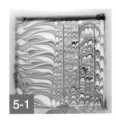 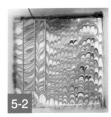

All that incen

變化款 藍色與紫色怎麼搭配都美，加上白色有提亮的作用，大家一定要試試看！

變化款 藍紫相近色也很適合做颱風渲造型。

變化款 用相近色的搭配，呈現出像瀑布般的流動線條。

| 技法 | 漸層 | 模型 | 長形模 | 顏色 | 藍色色液、紫色色液、白色色液 |

藍與紫漸層皂

藍與紫做雙色漸層也很美,大家可以試試看其他相近色系的漸層皂,會有意想不到的效果。

作法

1. 將 1000g 的皂液打至微微 Trace,加入 7g 白色色液,攪拌均勻。

2 將白色皂液平均分成兩等份,分別加入藍色、紫色色液,攪拌均勻。

3 先將紫色皂液沿著模具邊緣倒入,來回 3 次。

4 在紫色皂液中加入一匙藍色皂液,攪拌均勻,沿著模具邊緣倒入,來回 3 次。同樣方式操作,直接所有皂液入模即可。

變化款 偏紅的紫色加上藍色,看起來像是海面上的微露曙光。

變化款

藍紫搭配窗花造型，有協調的美感。

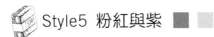 Style5 粉紅與紫 ▮ ▯

| 技法 | 分層 | 模型 | 長形模 | 顏色 | 粉紅色色液、紫色色液、白色色液 |

粉與紫分層皂

這一款皂以白色為基底，搭配藍色、紫色的不規則線條，創造出舒適的流動感。

 作法

1 將 1000g 的 皂 液 打 至 微 微 Trace，加入 7g 白色色液，攪拌均勻。

2 將白色皂液平均分成四等份，保留二份白色皂液，其他分別加入粉色色、紫色色液，攪拌均勻。

3 先倒入紫色皂液，沿著模型邊緣來回三次。以相同的方式，依序再倒入白色、粉色、白色、紫色、白色（白色是間隔色的概念），直到全部皂液倒完。

Tips 可以先在模型邊緣抹上一點皂液，有助於倒皂時來回滑動。

變化款 以紫色當底層,上面再以粉色、紫、白三色做流動的渲染,整體呈現更豐富。

粉色和紫色是很多皂友常用的顏色，除了渲染的方式外，分層的作法更能表現出兩種顏色的協調性。記得要加一點白色將底色調白，皂的質感會更柔和。

CHAPTER 4

深刻大膽的撞色風格

對比色手工皂

聖誕節會看到滿街佈滿了紅、綠、金色，
這就是對比色的經典配色。

對比色的顏色強烈，通常較難駕馭，
不過只要掌握明度與彩度的協調性，
就能創造出讓人驚豔的皂款。

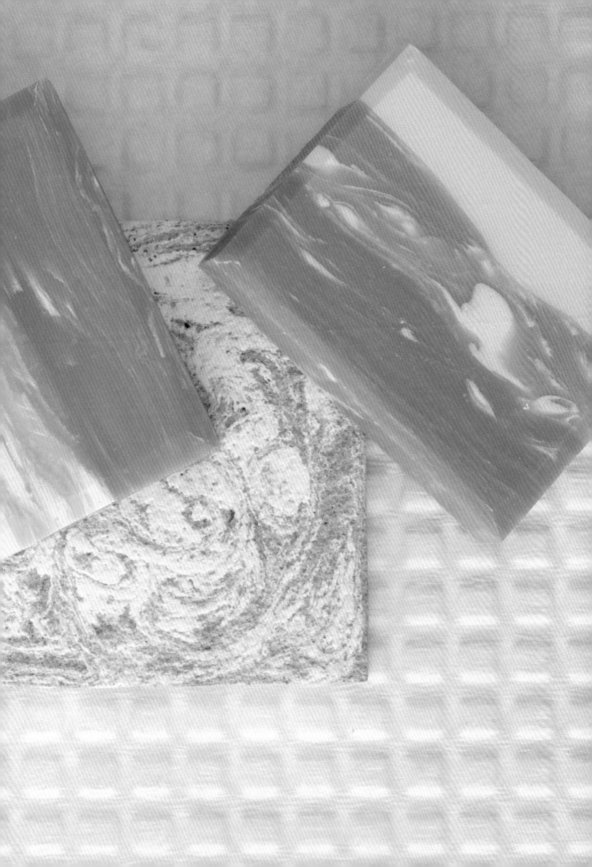

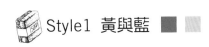

技法｜分層　　模型｜長形模　　顏色｜藍色色液、黃色色液、白色色液

黃與藍分層皂

黃與藍是超級吸睛的對比色配色。不過黃色皂款通常是皂友們較少嘗試的顏色，因為很容易看起來髒髒的，建議掌握好彩度和明度調配，才能做出明亮感。

作法

1 將 1000g 的皂液打至微微 Trace，加入 7g 白色色液，攪拌均勻。

1-1

1-2

2 將白色皂液平均分成兩等份，一份加入藍色色液，一份加入黃色色液，攪拌均勻。

> Tips 攪拌完成後噴少許酒精，將有助於定型，讓分層更明顯。

2-1

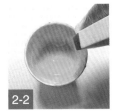

2-2

3 先倒入黃色皂液，再倒入藍色皂液，反覆此動作，直到全部的皂液入模。

3-1

3-2

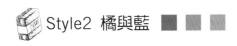
技法｜倒圈圈　　模型｜長形模　　顏色｜深藍色色液、橘色色液

橘與深藍圈圈皂

圈圈皂最適合做顏色層層疊疊的表現，因為堆疊的關係，切出來的每一塊皂的造型都會不一樣，非常有趣，很推薦大家可以試試看用對比色的搭配來做此款皂！

作法

1　將 1000g 的皂液打至微微 Trace。

2　將皂液一杯 400 克調成深藍色當底層。兩杯 300 克，一杯加入 5 滴橘色色液，一杯加入 10 滴橘色和 2 滴黑色，調成咖啡色，製造出深淺不同的顏色。

3　將 1/3 的深藍色皂液倒入，作為底層。再將咖啡色皂液倒入，呈現約 2.5 公分的圓圈狀。

4　在咖啡色圓圈上，再倒入深藍色圓圈、淺橘色圓圈，重複此動作，直到所有皂液倒完即可。

變化款 看得出來這和前面的皂款是同一款嗎?切面不同,就會帶來不一樣的視覺效果喔!

變化款

利用亮麗的橘色
與藍色所製作的
渲染皂,印象鮮
明。

變化款

帶點咖啡的橘色
與藍綠色的孔雀
渲,很有異國風
情。

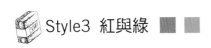

Style3 紅與綠 ▨ ▨

| 技法 | 渲染 | 模型 | 長形模 | 顏色 | 紅色色液、綠色色液、白色色液 |

紅與綠節慶皂

從大自然或生活中也都能找到一些配色靈感。紅色的聖誕老人、綠色聖誕樹、皚皚白雪、金色裝飾，組成了這款聖誕味十足的皂款。

作法

1 將 1000g 的 皂 液 打 至 微 微 Trace，加入 7g 白色色液，攪拌均勻。

2

3-1 3-2

2 將白色皂液平均分成三杯，一杯維持白色，另外兩杯分別加入紅色、綠色色液，攪拌均勻。

3 在紅色皂液中，倒入一半的白色皂液，稍微搖晃一下再倒入模型中。

4-1

4-2

4 在綠色皂液中，倒入剩下的白色皂液，稍微搖晃一下並倒入模型中，即完成。

紅與綠的分層
皂,經典的聖誕
節配色。

變化款

綠色配粉色也是
一組清新的配
色。這款皂如果
用正紅色就會很
有聖誕味,調降
2～3個色階,
就會很協調喔!

◥ 變化款

以大面積紅色為基底，帶來濃濃節慶感。

◤ 變化款

紅色與藍色是較少會聯想到的配色，有讓人意想不到的驚喜感。

CHAPTER 5

大膽玩色╳無限創意

絕美風格手工皂

手工皂的世界裡有無限的可能，

深一點、淺一點、紅色多一點、白色多一點，

都會產生不同的變化，

每一次做皂都充滿驚奇，

這也是手工皂迷人之處！

| 技法 | 渲染 | 模型 | 方形模 | 顏色 | 青黛色液、粉紅色色液、白色色液、綠色色液 |

古典氣質，青黛色手工皂

青黛是一個特別的存在，它不只是中藥，也可以作為調色用。青黛色是一種靛藍色，不管是搭配粉紅、白色、綠色、黃色，都能呈現出不同的美感。

作法

1 將 1000g 的皂液打至微微 Trace，加入 7g 白色色液，攪拌均勻。

2 將皂液平均分成四杯，一杯維持白色，其他三杯分別加入粉紅色、綠色、青黛色色液，攪拌均勻。

3 先沿著模型邊緣倒入綠色皂液，接著再倒入白色、粉紅色、青黛色皂液。

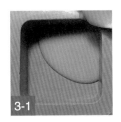 3-1 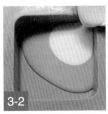 3-2 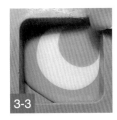 3-3 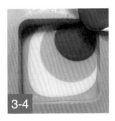 3-4

4 如果還沒倒滿，就重複倒入皂液，直到滿模為止。

變化款 以青黛色為底層色，搭配上粉紅與紫色的渲染，同樣擁有古典氣質。

◤ 變化款

青黛搭配淺色系，也有種和諧的效果。

Style2 莫蘭迪風格

| 技法 | 皂中皂 | 模型 | 長形模 | 顏色 | 黑色色液 |

莫蘭迪風格手工皂

這幾年受到大家熱烈討論的莫蘭迪風格，也可以應用在手工皂裡。我會在皂液底色中加入少許的灰色，降低整體的明度，便能製造出優雅低調的質感。

作法

1 將 500g 的皂液打至微微 Trace，加入 2 ～ 5 滴黑色色液，攪拌均勻，倒入模型中。

2 將皂片垂直放入即可。

2-1

2-2

2-3

變化款

粉紅色搭配咖啡色示範款①。先將底色調灰，再以粉紅色搭配咖啡色，不管彩度或明度都和諧，怎麼做都好看。

變化款

粉紅色搭配咖啡色示範款②。

變化款 粉紅色搭配咖啡色示範款③。

變化款 粉紅色搭配咖啡色示範款④。

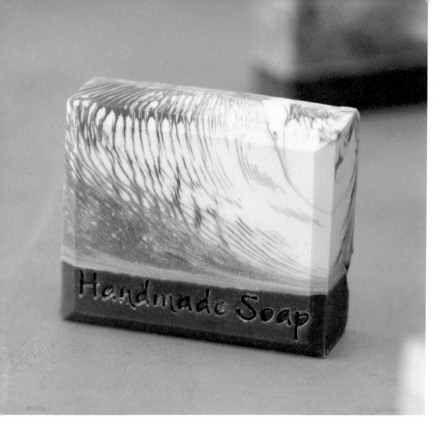

◢ **變化款**

灰色配紫色也是
很高雅的搭配,
其中的白色提亮
了整個的視覺。

◢ **變化款**

綠色加上灰色的
搭配,皂的質感
也瞬間提升。

變化款 底色用原本皂液的顏色，加上一點灰，呈現秋天的蕭瑟感。

| 技法 | 渲染 | 模型 | 長形模 | 顏色 | 灰色色液、藍色色液、金色色液、白色色液 |

灰色質感手工皂

灰色系是這幾年很受歡迎的皂款，可以提升整體的豐富層次，並帶出低調的質感。不過這也是皂友們比較少嘗試的顏色。

作法

1　將 1000g 的皂液打至微微 Trace。

2　將皂液分成三等份，一份加入灰色色液、一份加入藍色色液，一份加入白色色液，攪拌均勻。

3　將灰色色液、藍色色液來回畫線倒入模型中，再疊上少許金色和白色色液。

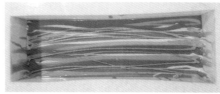

4　用刮板將上層刮平，即出現立體線條。

手工皂小教室

跳脫自己常搭配的色系，加一點白、加一點灰，做出專屬的調色皂款。

圖中這兩款皂液加入一樣分量的黑色色液，不過右圖有多加了白色皂液，所以

看起來比較乾淨，左邊的則比較混濁。所以如果喜歡乾淨的顏色，可以嘗試加入白色，會有意想不到的效果喔！

變化款 較大面積的灰色，搭配上少許的白色與藍綠色，也能亮眼優雅。

變化款

灰色搭配粉色，
有種溫和的美
感。

變化款

這一款將皂切
碎，做成皂中
皂，加上底層的
灰色塊，協調感
提升又有所變
化。

變化款

同色系深淺不一的灰色，加上一點黃色提亮，簡單配色就很
好看。

變化款

加入少許的灰色，成為稱職的配角。

變化款

如果不喜歡太多、太明亮的色彩，灰色系手工皂絕對會深得你心。

 Style4 金色系 ▪ ▪ ▪

| 技法 | 石紋渲染 | 模型 | 石頭模 |

技法｜石紋渲染　　模型｜石頭模
顏色｜粉紅色色液、白色色液、黑色色液、金色色液

閃耀華麗，金色手工皂

大家都知道娜娜媽超喜歡金色，因為金色可以提亮並製造出高級感，無人能敵，只要一點點，就能有畫龍點睛的效果，所以不管在冷製皂、mp 皂、胺基酸皂，都會看到金色的身影。

作法

1 將 500g 的皂液打至微微 Trace，加入 3g 白色色液，攪拌均勻。

2 取出白色皂液 300g，另外 100 g 加入粉紅色色液、100 g 加入灰色色液，攪拌均勻。

3 在白色皂液中，加入灰色、粉紅色皂液與金色色液，並畫出 W 形線條。

4 將皂液倒入模形即完成。

> Tips 石頭紋就是要做出自然的流線線條，所以倒的速度不能太慢喔！

變化款 只要加入少許的金色，質感瞬間提升。

奢華低調的粉灰
配色，蓋上金色
皂章，透著微奢
華麗感。

淺綠搭配金色及
自然流動渲染，
製造出有如石頭
紋路般的美感。

變化款　黑灰色加上金色，就能玩出好多令人激賞的皂款。

技法	隔板渲	模型	圓柱模、十字板	顏色	橘色色液、咖啡色色液、白色色液

復古風情，大地色手工皂

咖啡色有種 70 年代的記憶，因為當時的服裝大量運用了咖啡色系，還有流蘇。我喜歡以咖啡色搭配橘色，或是以咖啡色配藍色，都能創造質感效果。

作法

1 先在中空圓柱模底部包覆一層保鮮膜，蓋上底部後再包覆第二層，避免皂液流出。

2 將十字隔板固定在圓柱模裡。

3 將 1000g 的皂液打至微微 Trace，加入 7g 白色色液，攪拌均勻。

4 將皂液平均分成三等份，一杯維持白色，另外兩杯加入咖啡色、橘色色液，攪拌均勻。

5 沿著十字型中間，倒入咖啡色皂液，鋪滿底層。

6 同樣位置，倒入白色皂液，接著再倒入橘色皂液。

7 依序將皂液倒入，直到所有皂液入模。

8 輕輕將十字板取出即可。

變化款 運用咖啡色同色系作法，也可以很有質感。

變化款 粉色系搭配咖啡色，以不同比例的分層方式展現，也相當迷人。

變化款 咖啡色加上橘色也是經典的復古配色，加入一點白色，整體看起更加豐富協調。

變化款 軍綠色加上偏紅的咖啡色，搭配起來也很跳，不會太暗沉。

變化款 咖啡色搭配黃色，自有協調感，有一種樸實的美。

 Style6 運用白色 ■ ■ ■

技法｜皂中皂（各色皂基）　　模型｜長形模　　顏色｜白色色液

韓系質感皂

近年來韓系手工皂深受歡迎，運用的就是加入白色（二氧化鈦）色液，讓顏色更扎實且柔和，小小一個步驟，就能讓整體質感快速提升。這款皂的發想來源是看到用玻璃紙包著的糖果，讓我動手做出這個皂款。

 作法

1　將各色皂基切成不規則狀備用。

2　將 1000g 的皂液打至微微 Trace，加入 7g 白色色液，攪拌均勻，再加入各色皂基攪拌均勻。

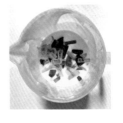

3　將皂液倒入模型中，讓皂基平均分布的模型內。

　　Tips 脫模後，可以嘗試不同的切皂方向，體驗不同的變化樂趣。

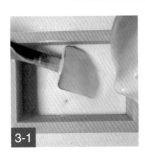
3-1

3-2

變化款 　當基底加入二氧化鈦調白，黃色也會變得明亮，皂的質感也瞬間提升。

變化款 充滿童趣的皂中皂做法，紅色配橘色也可以很有型。

變化款

運用不同的色塊，增加童趣，也運用波型刮板為手工皂的造型加分。

變化款 大家可以試試用二氧化鈦調不同比例，做出來的質感和效果
也會不太一樣喔！

變化款　運用深藍、淺藍，加入白色點綴，製造出置身大海的清涼感。

變化款 加入白色調和的韓式皂，能帶來舒服柔和的調性。

| 技法 | 漸層 | 模型 | 長形模 | 顏色 | 藍色色液、紅色色液、黃色色液、白色色液 |

繽紛彩虹皂

很多皂友看到彩虹皂都會愛不釋手,豐富卻又協調的顏色,將色彩皂提升到藝術般的境界,也是適合送禮的人氣皂款。

作法

1. 將 1000g 的皂液打至微微 Trace,加入 7g 白色色液,攪拌均勻。

2. 再將白色皂液平均分成三杯,分別加入藍色、紅色、黃色色液,攪拌均勻。

3. 先倒入粉紅色皂液,沿著模型邊緣來回 3 次。

   Tips 可以先在模型邊緣抹上一點皂液,有助於倒皂時來回滑動。

4. 在粉紅色皂液中,加入一匙黃色皂液,攪拌均勻,倒入模型中,沿著模型邊緣來回 3 次。

5 倒入黃色皂液，沿著模型邊緣來回 3 次。

6 在黃色皂液中，加入一匙藍色皂液，攪拌均勻，倒入模型中，沿著模型邊緣來回 3 次。

7 倒入藍色皂液，沿著模型邊緣來回 3 次。

8 在藍色皂液中，加入一匙粉紅色皂液，攪拌均勻，倒入模型中，沿著模型邊緣來回 3 次。

 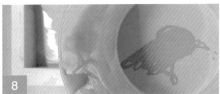

9 重複步驟 3 ～ 8，直到所有皂液入模。

變化款

彩虹皂加上渲
染，呈現豐富的
美感。

變化款

不同的切皂方
向，呈現不同的
視覺效果。

變化款

淺色皂款是有加了二氧化鈦，深色則是原色皂液，你比較喜歡哪一款呢？

Handmade Soap

技法｜皂中皂（皂片）　　模型｜雙格模　　顏色｜黑色色液、白色色液

優雅黑白皂中皂

黑與白絕對是低調優雅的代名詞。在黑色或白色皂液中，加入皂邊做出皂中皂，有畫龍點睛的效果。或是蓋上沾有金色色粉的皂章，讓高級質感更上一層，帶出有如香奈兒般的精品優雅。

作法

1　利用手邊的手工皂，刨成皂片備用。

2　將 1000g 的皂液打至微微 Trace，加入 7g 白色色液，攪拌均勻。

> Tips 想要皂款黑一點或白一點，可以加入多一點的色液滴數，可以視個人喜歡的程度調整。

3　將白色皂液倒入模型中，約 1/5 的高度，再放入皂片。

4　再次倒入皂液，約至 2/5 的高度，再放入皂片，並將皂液全部倒入即可。

> Tips 可運用不同的皂邊形狀，像是皂片、皂捲、皂塊、皂絲等，做出不同的皂中皂。

 3-1　 3-2

 4-1　 4-2

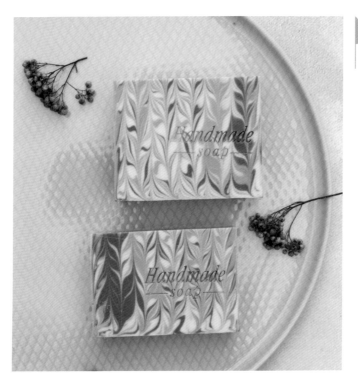

▶ **變化款**

在白色皂液中，加入一點灰色進行渲染，再蓋上金色皂章，質感與變化大大提升。

變化款

運用深灰、淺灰
色階，做出不一
樣的質感皂款。

▶ 變化款

只要黑色就可以做出漸層的灰黑色系，怎麼做都美。

◥ 變化款

灰色的流動線條，可做出大理石般的效果。

生活樹系列 097

娜娜媽手工皂調色╳配色專書

作　　　　　者	娜娜媽
封 面 設 計	FE 工作室
版 面 設 計	theBAND・變設計－ Ada
行 銷 企 劃	黃安汝
出版一部總編輯	紀欣怡

出　　版　　者	采實文化事業股份有限公司
業 務 發 行	張世明・林踏欣・林坤蓉・王貞玉
國 際 版 權	王俐雯・林冠妤
印 務 採 購	曾玉霞
會 計 行 政	王雅蕙・李韶婉・簡佩鈺
法 律 顧 問	第一國際法律事務所　余淑杏律師
電 子 信 箱	acme@acmebook.com.tw
采 實 官 網	www.acmebook.com.tw
采 實 臉 書	www.facebook.com/acmebook01

I　S　B　N	978-986-507-815-7
定　　　　　價	450 元
初 版 一 刷	2022 年 6 月
劃 撥 帳 號	50148859
劃 撥 戶 名	采實文化事業股份有限公司
	104 台北市中山區南京東路二段 95 號 9 樓
	電話：(02)2511-9798　傳真：(02)2571-3298

國家圖書館出版品預行編目 (CIP) 資料

手工皂調色 X 配色專書 / 娜娜媽著 . -- 初版 . --
臺北市 : 采實文化事業股份有限公司 , 2022.05
　176 面 ; 17X23　公分 . -- (生活樹系列 ; 97)
ISBN 978-986-507-815-7(平裝)
1.CST: 肥皂
466.4　　　　　　　　　　　　111004250

采實出版集團
ACME PUBLISHING GROUP